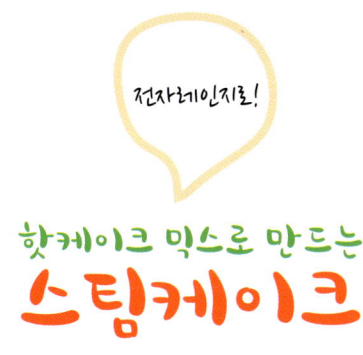

전자레인지로!

핫케이크 믹스로 만드는

스팀케이크

북플러스

contents

2

14 양식 스타일 스팀케이크

point

- 1컵 200㎖, 1큰술은 15㎖, 1작은술 5㎖
- 버터는 가염 제품
- 달걀은 중간 크기
- 전자레인지는 500W 기준
  600W 출력의 전자레인지를 사용하는 경우에는 기재된
  가열 시간의 0.9배로 조절한다.
  (한국의 경우 700W에서 1200W가 기본. 미니전자레인지는 500W 기준.)
- 전자레인지의 온도와 가열 시간은 기종에 따라 조금씩 다르다.
  레시피를 기준으로 조리하되 상태를 확인하면서 조절한다.
  전자레인지를 사용할 때의 주의 사항 11쪽 참조

5

핫케이크 믹스로
폭신폭신한 스팀케이크를
만들어보자!

" 핫케이크 믹스와 전자레인지만 있으면
폭신폭신하고 촉촉한 스팀케이크가 눈 깜짝할 사이에 완성! **"**

" 베이킹파우더가 배합되어 있는 핫케이크 믹스라면
순서대로 재료를 섞는 것만으로 OK.
잘 부풀지 않거나 굳어서 실패하는 일도 없다. **"**

" 소시지와 햄, 치즈, 참치 등의 단백질은 물론 화려한 색상의 채소까지
듬뿍 들어 있는 스팀케이크 소개.
생각났을 때 바로 만들 수 있는 전자레인지 스팀케이크
분주한 아침에 준비하는 식사나, 잠깐 사이에 만드는 간식으로도 안성맞춤 **"**

" 매일 먹어도 질리지 않는 스팀케이크
꼭 한 번 도전해 보자! **"**

스팀케이크 만들기의 기본

* 기본적인 배합을 배워두면 맛의 변형도 자유자재

기본적인 배합

핫케이크 믹스 100g + 푼 달걀 1개와 우유 섞어서 ½컵 + 기본 재료 150~200g + 소금 ¼작은술 + 기름 1큰술

※ 꿀이나 설탕을 가미하면 단맛을 즐길 수 있다.

1 달걀과 우유를 섞는다.

달걀을 잘 푼 다음,
우유를 넣어 거품기로
섞는다. 중간 크기
달걀인 경우, 우유는
3큰술 반

2 핫케이크 믹스에 소금을 조금 넣는다.

핫케이크 믹스는 체로
치지 않고 그대로
사용한다. 소금을 조금
넣고 거품기로 섞으면
쉽다.

4 기본 재료를 섞는다.

기본 재료를 섞을 때는
고무 주걱으로 섞는다.
그래야 쉽다!

3 기름을 넣는다.

샐러드유 등의 기름을
넣어주면 반죽이
촉촉해진다. 골고루
섞으려면 거품기를
사용한다.

5 용기에 담는다.

내열 용기에 반죽을
담는다. 열을 가하면
부풀기 때문에
반죽은 용기 깊이의
½ 정도까지만 채운다.

6 전자레인지로 가열한다.

랩을 씌우지 않고 전자레인지(500W)로 가열한다.
틀의 크기나 열전도 방법, 기본 재료의 종류에 따라
익는 시간과 정도에 차이가 있다. 요리 방법에
적혀 있는 가열 시간은 일반적인 기준이다. 반죽을
꼬챙이로 찔러 반죽이 묻어나오면 10초에 한 번씩
상태를 확인하면서 추가로 가열한다.

※ 당근 샐러드 스팀케이크 만들기는 26쪽 참조

틀을 사용하여 모양을 낸다!

컵케이크 타입

푸딩 컵이나 종이로 된 컵 케이스를 사용한다.
둥근 틀 이외에 미니 파운드 케이크 종이 틀을
사용해도 재미있다!

종이컵은 모양이 흐트러지기
쉬우므로 내열 용기에 반죽을
담아, 내열 용기째 전자레인지로
가열하면 편하다.

종이로 만든 시폰 틀 타입

종이로 만들어져 있기 때문에
전자레인지로 가열해도 된다. 이 틀을
사용하는 것만으로도 스팀케이크가
제과점 케이크처럼 화려하게 변신한다

그라탱 접시 타입

크기가 큰 스팀케이크를 만드는 데 적합하다.
가열 후 식혀서 틀에서 꺼낸 다음, 먹기 좋은
크기로 썬다. 써는 방법을 달리하면 어렵지 않게
시각적인 변화를 만들어낼 수 있다.

커피 컵 타입

전자레인지로 가열해도 되는 커피
컵은 스팀케이크의 틀로 사용할
수 있을 뿐만 아니라, 식탁에도 잘
어울리는 것이 매력적이다.

코코트 타입

컵케이크 타입보다 약간 큰
틀. 스팀케이크를 스푼으로
떠먹는 느낌이 새롭다.
타원형 등 여러 가지 모양을
시도해보자.

※ 주의해야 할 것은 틀의 모양이다. 바닥과 주둥이의 지름이 거의 같은,
다시 말해 위아래의 크기가 비슷하지 않으면 전자레인지로 가열했을
때 열이 고르게 퍼지지 않는다.

전자레인지에서 사용할 수 없는 용기

다음 용기는 전자레인지에서 사용할 수 없다.
사고의 원인이 되므로 절대로 사용하면 안 된다.

● 내열성이 아닌 유리 용기
● 내열 온도 140℃ 미만인 플라스틱 용기
● 알루미늄, 법랑 등 금속제 용기
● 칠기
● 나무, 대나무, 내열 가공되어 있지 않은 종이
● 알루미늄 호일

전자레인지를 사용할 때의 주의 사항

• 전자레인지는 500W를 기준으로 삼고
있다. 600W 출력의 전자레인지를
사용하는 경우에는 기재된 가열
시간의 0.9배로 조절한다.
• 전자레인지의 온도와 가열 시간은
기종에 따라 약간 다를 수 있다.
레시피를 기준으로 조리하되 상태를
확인하면서 조절한다.

다양한 스팀케이크를 만드는 양념 재료

치즈
감칠맛과 식감 향상

참치
반찬 스타일로 재빠르게 변신

잔멸치
적당한 감칠맛과 바다향

어묵
식감과 감칠맛이 있는 명조연

대구 알
일본적인 느낌과 맛을 낼 때

염장 다시마
감칠맛이 듬뿍

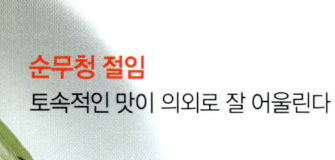

순무청 절임
토속적인 맛이 의외로 잘 어울린다

후리가케(조미된 김 부스러기
아이들이 좋아하는 맛

짭짤한 맛, 또는 특유의 맛이 있는 재료나 조미료를 함께 사용하면 맛이 다양해진다.
여러 가지 기본 재료와 함께 사용하여 나만의 맛을 만들어보자!

생강 초절임
압도적인 존재감

홀 그레인 머스터드
음식의 맛을 세련되게 조정한다

가다랑어 포
일본풍 요리에도,
에스닉 요리에도 좋다

짜사이 무침
에스닉한 맛을 내고 싶을 때

앤초비
와인에 어울리는 어른스러운 맛

바지락 조림
매콤하면서도 달콤한 맛이
새로운 맛을 낸다

마요네즈
감칠맛과 촉촉함이 살아있는 조미료

김치
매콤한이 맛을 다잡는
역할을 한다

양식 스타일 스팀케이크

- 아침식사, 가벼운 식사로 그만!!
- 따끈따끈 스팀케이크로 활력 충전!

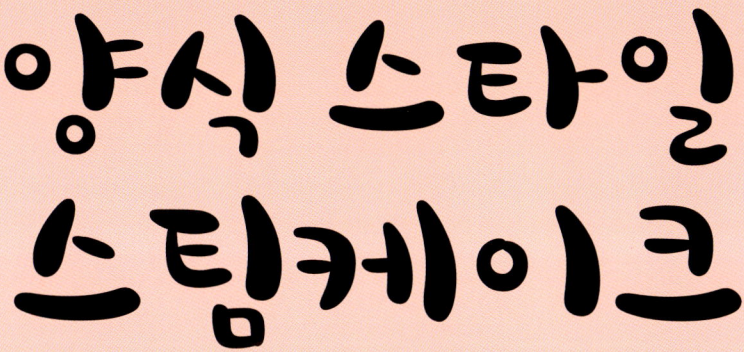

 새우와 브로콜리로 만든 마요네즈 샐러드를 스팀케이크로!
마요네즈를 넣어 촉촉하고 폭신하다.

데친 새우 브로콜리 샐러드
스팀케이크

 재료 지름 6cm×높이
3.5cm짜리 틀 4개 분량

기본 재료
● 껍질 벗긴 새우 … 8마리(60g)
  (내장은 제거한다)
● 브로콜리 … 60g
  (한 송이씩 떼어내 세로로
  4등분한다)
● 마요네즈 … 1큰술

반죽
● **A** [달걀 푼 것 1개 + 우유 적당량
  합해서 1/2컵]
● 핫케이크 믹스 … 100g
● 소금 … 1/4작은술

 **만들기**

1 소금(반죽용과 별도)을 조금 넣은 뜨거운 물에
새우, 브로콜리를 넣어 한소끔 끓으면 찬물에
담가 식힌 다음 물기를 뺀다. 장식용으로
사용할 브로콜리와 새우 4마리를 덜어두고,
나머지 새우는 1마리 당 3등분하고 브로콜리는
적당한 크기로 쪼개 놓는다.

2 믹싱볼에 장식용을 제외한 새우와 브로콜리를
넣고, 마요네즈로 버무린다.

3 별도의 큰 믹싱볼에 반죽 재료 **A**를 넣고 거품기로
섞은 다음 분량의 핫케이크 믹스 가루, 소금을
조금 넣어 뭉치지 않도록 잘 섞은 후 마요네즈에
버무린 새우, 브로콜리를 넣고 고무 주걱으로
치대어 반죽한다.

4 반죽을 틀의 1/2 정도 깊이까지 채우고, 그 위에
장식용 브로콜리와 새우를 얹는다.

5 틀에 넣은 반죽을 전자레인지 판 위에 붙지 않게
놓고 4~5분 동안 가열한다.

6 젓가락으로 찔러 보아 반죽이 묻어나지 않으면
꺼내 따뜻할 때 스푼으로 떠 먹는다.

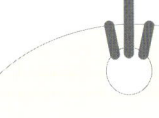

 지진 달걀의 노란 색과 아스파라거스의 녹색이 식욕을 돋운다.
마요네즈로 반죽해서 감칠맛을 내는 것이 포인트.

지진 달걀 아스파라거스 마요네즈 스팀케이크

 재료 7.5cm×7.5cm×2.5cm 짜리 틀 4개 분량

기본 재료
- 그린 아스파라거스 … 4대
  (밑 부분의 딱딱한 껍질을 벗겨
  반으로 자른다)
- 달걀 … 1개
- 샐러드유 … 1작은술
- 마요네즈 … 1큰술

반죽
- **A** [달걀 푼 것 1개 + 우유 적당량
  합해서 1/2컵]
- 핫케이크 믹스 … 100g
- 소금 … 1/4작은술

만들기

1 소금(반죽용과 별도)을 조금 넣은 뜨거운 물에 아스파라거스를 넣어 한소끔 끓으면 찬물에 담가 식힌 다음 물기를 제거한다. 장식용으로 사용할 봉오리 부분은 5cm 길이로 자르고, 나머지 줄기 부분은 2cm 길이로 자른다.

2 프라이팬에 기름을 두르고 중간 불로 달군 후 푼 달걀을 부어 젓가락으로 크게 저어 스크램블을 만든다.

3 2cm 길이로 자른 데친 아스파라거스와 스크램블로 만든 달걀을 마요네즈에 버무려 놓는다.

4 큰 믹싱볼에 달걀, 우유를 섞은 **A**를 붓고 거품기로 골고루 섞은 다음 분량의 핫케이크 믹스가루, 소금을 뭉치지 않도록 섞으면서 마요네즈에 버무린 아스파라거스와 스크램블처럼 익힌 달걀을 섞어 반죽한다. 고무 주걱으로 치대면 편하다.

5 반죽을 틀의 1/2 정도까지 담고, 장식용 아스파라거스를 얹는다.

6 반죽 담은 틀을 전자레인지(500W)에 넣어 4~5분 동안 가열하고 식으면 반죽틀에서 떼어내 접시에 옮겨 담는다.

지진 달걀과 아스파라거스를
마요네즈로 무쳐 반죽에 넣으면
감칠맛이 더있다.

참치와 땅찌만가닥버섯 특유의 맛과 토마토의 달콤새콤함이
맛의 시너지를 불러일으켜 먹고 또 먹고 싶은 맛을 만들어낸다.

참치 땅찌만가닥버섯 토마토 스팀케이크

재료 10cm×20cm×5cm
짜리 틀 1개 분량

기본 재료

- 참치 통조림 … 작은 캔 1개(70g)
  (기름을 제거하고 큰 덩어리는
  잘게 부순다)
- 땅찌만가닥버섯 … 50g
  (밑뿌리를 제거하고 반으로 잘라
  1개씩 나눈다)
- 토마토 … 1/2개
  (꼭지를 제거하고 1cm크기로
  깍둑썰기 한다)

반죽

- **A** [달걀 푼 것 1개 + 우유 적당량
  합해서 1/2컵]
- 핫케이크 믹스 … 100g
- 소금 … 1/4작은술
- 올리브유 … 1큰술
- 후춧가루 … 조금

* 땅찌만가닥버섯은 송이과의 버섯 중
하나다. 일본에서는 '향은 송이, 맛은
땅찌만가닥버섯'이라는 말이 있을
정도로 맛이 좋다.

만들기

1 큰 믹싱볼에 달걀과 우유 섞은 **A**를 붓고 거품기로
섞은 다음, 핫케이크 믹스, 소금을 넣어 뭉치지
않도록 섞으면서 분량의 올리브유, 후춧가루를 넣어
반죽한다.

2 참치, 땅찌만가닥버섯, 토마토를 장식용으로 조금씩
덜어두고 남은 재료는 1의 반죽에 섞는다.

3 재료 섞은 반죽을 틀의 1/2 정도 깊이까지 채우고,
장식용으로 덜어 놓은 재료를 반죽 위에 얹는다.

4 틀에 넣은 반죽을 전자레인지 안에 나란히 넣어
6~7분 동안 가열한다.

5 젓가락으로 찔러보아 반죽이 묻어나지 않으면
전자레인지 안에서 꺼내 식힌 후 틀에서 떼어내
먹기 좋게 자른다.

good combination

 +  아보카도와 연어를 사용한 풍요로운 느낌의 스팀케이크.
손님 접대용으로 좋다

아보카도 연어 스팀케이크

 재료 아보카도 껍질로 만든 틀
4개 분량

기본 재료
- 아보카도 파낸 과육 … 1개
- 레몬즙 … 1/2큰술
- 훈제 연어 … 50g
  (1.5㎝ 폭으로 자른다)

반죽
- **A** [달걀 푼 것 1개 + 우유 적당량
  합해서 1/2컵]
- 핫케이크 믹스 … 100g
- 소금 … 1/4작은술
- 올리브유 … 1큰술
- 후춧가루 … 조금

* 아보카도 틀은 기본 재료로 사용하는
  아보카도와는 별도로 만들기 ①과 같은
  방법으로 한 개 더 과육을 파내 모두
  4개 준비한다.

만들기

1 아보카도는 세로로 칼집을 넣어 둥글게 비틀어서 둘로
쪼개 씨를 제거한 다음 과육을 스푼으로 파낸다. 과육은
1㎝ 크기로 깍둑썰기 한 다음 레몬즙을 뿌린다.

2 아보카도 껍데기로 만드는 틀은 굴러다니지 않도록
평평한 접시 위에 놓는다.

3 큰 믹싱볼에 달걀과 우유를 섞은 **A**를 넣어 거품기로
섞은 다음, 분량의 핫케이크 믹스, 소금을 뭉치지 않도록
잘 섞으면서 올리브유, 후춧가루를 넣어 반죽한다.

4 준비한 재료 중에서 훈제 연어와 아보카도 살을 조금
덜어 장식용으로 따로 둔다. 남은 훈제 연어와 아보카도
과육은 반죽에 섞어서 아보카도 틀에 1/2 정도까지 담고,
장식용 재료를 얹는다.

5 반죽 담은 틀을 전자레인지(500W)에 넣어 4~5분 동안
가열한다.

아보카도 껍데기로 만든 케이스는
굴러다니기 쉬우므로
반죽을 넣을 때 엎어지지 않게
주의한다.

creamy!

 + +  폭신폭신한 케이크 속에서 포테이토 샐러드가 얼굴을 내미는
재미있는 스팀케이크. 배고플 때 먹어도 든든하다.

감자 샐러드 스팀케이크

 재료 지름 5cm×높이 6cm 짜리 틀 4개 분량

기본 재료

- 감자 … 큰 것 1개
  (껍질을 벗겨 1cm 크기로 깍둑썰기 한다)
- 프렌치드레싱/마요네즈 … 1큰술 씩
  (시중에 판매되고 있는 것)
- 오이 … 1/2개(8mm 크기로 깍둑썰기 한다)
- 소금 … 조금
- 로스트 햄 … 4장(8mm 크기로 사방썰기 한다)

* 준비한 재료 중에서 장식용으로 사용할 감자, 오이,
  로스트 햄을 조금씩 덜어 놓는다.

반죽

- **A** [달걀 푼 것 1개 + 우유 적당량 합해서 1/2컵]
- 핫케이크 믹스 … 100g
- 소금 … 1/4작은술
- 마요네즈 … 1큰술

 만들기

1 깍둑썰기한 감자를 물에 담가 전분을 뺀 다음 물을 넉넉히 붓고
삶은 후 물기를 제거하고 프렌치드레싱에 버무려 식힌다.

2 오이는 믹싱볼에 넣고 소금을 뿌려 5분 정도 두었다가
씻어서 물기를 닦는다.

3 볼에 감자와 오이, 햄을 넣고 마요네즈로 버무린다.

4 큰 믹싱볼에 우유 섞은 달걀물 A를 부어 거품기로 섞은 다음,
분량의 핫케이크 믹스, 소금을 넣어 뭉치지 않도록 잘 섞고,
마요네즈를 넣어 반죽한다.

5 틀 가운데에 마요네즈에 버무린 감자, 오이, 햄을 1/4씩 넣고,
4의 반죽을 1/2 정도 깊이까지 담는다.

6 반죽 담은 틀을 전자레인지(500W)에 넣어 5∼6분 동안
가열한다. 장식용으로 덜어두었던 재료를 얹는다.

포테이토 샐러드의 맛을 살리기 위해서
반죽에 섞지 않고 직접 틀에 붓는다.

양배추는 콜슬로로 만들면 부피가 줄고, 반죽에도 잘 섞인다.
채소가 듬뿍 들어있어 건강에도 좋다!

콜슬로 샐러드 스팀케이크

재료 10cm×20cm×5cm
짜리 틀 1개 분량

기본 재료

- 양배추 … 100g(채 썬다)
- 로스트 햄 … 3장
  (반으로 잘라 채 썬다)
- 프렌치드레싱 … 1큰술
  (시중에 판매되고 있는 것)

반죽

- **A** [달걀 푼 것 1개 + 우유 적당량
  합해서 1/2컵]
- 핫케이크 믹스 … 100g
- 소금 … 1/4작은술
- 올리브유 … 1큰술

 만들기

1 믹싱볼에 양배추, 햄을 넣고 드레싱을 뿌려 버무린다.

2 큰 믹싱볼에 반죽 **A** 재료인 달걀과 우유를 부어 거품기로 섞은 다음,
분량의 핫케이크 믹스, 소금을 넣어 뭉치지 않도록 섞으면서,
올리브유를 넣어 반죽한다.

3 반죽에 드레싱에 버무린 양배추 햄을 섞어서, 틀의 1/2 정도까지 담는다.

4 틀에 담은 반죽을 전자레인지(500W)에 넣어 6~7분 동안 가열한다.
젓가락으로 찔러보아 반죽이 묻어나지 않으면 식혀서 틀에서 꺼낸다.
꺼낸 케이크를 먹기 좋게 잘라 접시에 담는다.

 +

드레싱으로 버무려두면 당근 특유의 냄새가 줄어들고,
단맛이 강조된다. 토핑으로 얹는 아몬드와도 잘 어울린다.

당근 샐러드 스팀케이크

만들기

1 채 썬 당근을 장식용으로 조금 덜어두고, 남은 것은
믹싱볼에 넣어 드레싱을 뿌려 놓는다.

2 큰 믹싱볼에 반죽 재료 **A**인 달걀과 우유를 부어
거품기로 섞은 다음, 분량의 핫케이크 믹스, 소금을 넣어
뭉치지 않도록 잘 섞고, 올리브유를 넣어 반죽한다.

3 반죽에 드레싱으로 버무린 당근을 섞어, 틀의 1/2
정도까지 담은 다음, 표면을 평평하게 만든다.

4 반죽 담은 컵을 전자레인지(500W)에 넣어 4~5분 동안
가열하고 장식용으로 당근, 아몬드를 얹는다.

재료 지름 7cm×높이 6cm
짜리 틀 4개 분량

기본 재료

- 당근 … 1개
  (껍질을 벗겨 굵게 채 썬다)
- 프렌치드레싱 … 1큰술
  (시중에 판매되고 있는 것)
- 아몬드 슬라이스(로스트) … 조금

반죽

- **A** [달걀 푼 것 1개 + 우유 적당량
  합해서 1/2컵]
- 핫케이크 믹스 … 100g
- 소금 … 1/4작은술
- 올리브유 … 1큰술

부드러우면서도 감칠맛이 있는 타르타르소스를 반죽에 섞어
식감이 촉촉하고 양파와 파슬리의 풍미가 케이크의 맛을 살린다.

타르타르소스 스팀케이크

만들기

1 믹싱볼에 반죽 **A** 재료인 삶아 다진 달걀,
　 다진 양파, 파슬리, 마요네즈, 소금, 후춧가루를
　 잘 섞어 타르타르소스를 만든다.

2 별도의 큰 믹싱볼에 반죽 **B** 재료인 달걀과
　 우유를 부어 거품기로 섞은 다음, 분량의 핫케이크 믹스,
　 소금을 넣어 뭉치지 않도록 반죽한다.

3 반죽에 타르타르소스를 섞어,
　 틀의 1/2 정도까지 담는다.

4 반죽 담은 틀을 전자레인지
　 (500W)에 넣어 4~5분 동안
　 가열한다.

재료　10cm×4cm×5cm
　　　　　짜리 틀 4개 분량

〈기본 재료〉

반죽 A
- 삶은 달걀 … 2개
  (껍질을 벗겨 굵게 다진다)
- 양파, 파슬리(다진다) … 각 2큰술씩
- 마요네즈 … 3큰술
- 소금, 후춧가루 … 조금씩

반죽
- **B** [달걀 푼 것 1개 + 우유 적당량
  합해서 1/2컵]
- 핫케이크 믹스 … 100g
- 소금 … 1/4작은술

+  가열해도 물기가 나오지 않는 경수채는 스팀케이크에 안성맞춤.
아삭아삭한 식감과 게맛살의 풍미 때문에 먹어도 먹어도 질리지 않는다.

게맛살 경수채 스팀케이크

재료 지름 15cm×높이 5cm 틀 2개 분량

기본 재료

- 게맛살 … 4개(30g) (반으로 잘라 잘게 쪼갠다)
- 경수채 … 60g(3cm 길이로 썬다)

반죽

- A [달걀 푼 것 1개 + 우유 적당량 합해서 1/2컵]
- 핫케이크 믹스 … 100g
- 소금 … 1/4작은술
- 올리브유 … 1큰술

* 경수채는 특수작물 채소류로 쌈채소에 일종이다.
 잎 모양은 치커리와 비슷하게 생겼으며 씹는
 맛이 아삭아삭해서 여러 가지 음식에 사용한다.

만들기

1 큰 믹싱볼에 반죽 재료 A인 달걀과 우유를 부어 거품기로 섞은 다음, 분량의 핫케이크 믹스, 소금을 넣어 뭉치지 않도록 잘 섞고, 올리브유를 넣어 반죽한다.

2 반죽에 게맛살, 경수채를 섞어, 틀의 1/2 정도까지 담은 다음, 표면을 평평하게 만든다.

3 반죽 담은 틀을 전자레인지(500W)에 넣어 5~6분 동안 가열한다.

 +  + 볼륨 만점, 1개만 먹어도 배가 부르다.
영양 밸런스가 뛰어나 한창 먹을 나이의 아이들 간식으로 좋다.

소시지 감자 강낭콩 스팀케이크

 재료

15cm×8cm×4.5cm
짜리 틀 2개 분량

기본 재료

- 비엔나소시지 … 3개(70g)
  (길게 반으로 잘라 얄팍하게
  어슷 썬다)
- 감자 … 큰 것 1개
  (껍질을 벗겨 굵게 채 썬다)
- 깍지 강낭콩 … 4~5대

반죽

- **A** [달걀 푼 것 1개 + 우유 적당량
  합해서 1/2컵]
- 핫케이크 믹스 … 100g
- 소금 … 1/4작은술
- 올리브유 … 1큰술

 **만들기**

1 채 썬 감자는 가볍게 씻어 물기를 털어낸다.
깍지 강낭콩은 소금을 조금(별도로 준비한 것) 넣어
끓는 물에 가볍게 데쳐 찬물에 담갔다가 3cm 길이로
어슷 썬다.

2 큰 믹싱볼에 반죽 **A** 재료인 달걀과 우유를 부어
거품기로 섞은 다음, 분량의 핫케이크 믹스, 소금을 넣어
뭉치지 않도록 잘 섞고, 올리브유를 넣어 반죽한다.

3 반죽에 채 썬 감자와 강낭콩, 어슷썰기 한 소시지를
섞어, 틀의 1/2 정도까지 담은 다음, 표면을 평평하게
만든다.

4 틀에 담은 반죽을 전자레인지(500W)에 넣어 6~7분
동안 가열한다.

달콤한 맛이 살짝 도는 반죽에 프라이드치킨의 짭짤한 맛이 잘 어울린다!
토핑으로 얹는 홀 그레인 머스터드가 맛을 하나로 조화시켜 준다.

프라이드치킨 스팀케이크

재료 지름 8cm×높이 5cm
짜리 틀 4개 분량

기본 재료

- 프라이드치킨 … 큰 것 4개
  (시중에 판매되고 있는 것, 뼈가
  없는 것)
- 파슬리 … 1큰술(다진다)

반죽

- **A** [달걀 푼 것 1개 + 우유 적당량
  합해서 1/2컵]
- 핫케이크 믹스 … 100g
- 소금 … 1/4작은술
- 올리브유 … 1큰술

토핑

- 홀 그레인 머스터드 … 적당량

1 큰 믹싱볼에 반죽 **A** 재료인 달걀과 우유를 부어 거품기로
섞은 다음, 핫케이크 믹스, 소금, 올리브유를 분량대로 넣어
반죽한다.

2 반죽을 틀의 1/2 정도까지 담고, 표면을 평평하게 만든 다음
가운데에 프라이드치킨을 1개씩 얹고 파슬리를 뿌린다.

3 반죽 담은 틀을 전자레인지(500W)에 넣어 4~5분 동안
가열한 후, 홀 그레인 머스터드를 얹는다.

sweet & spicy

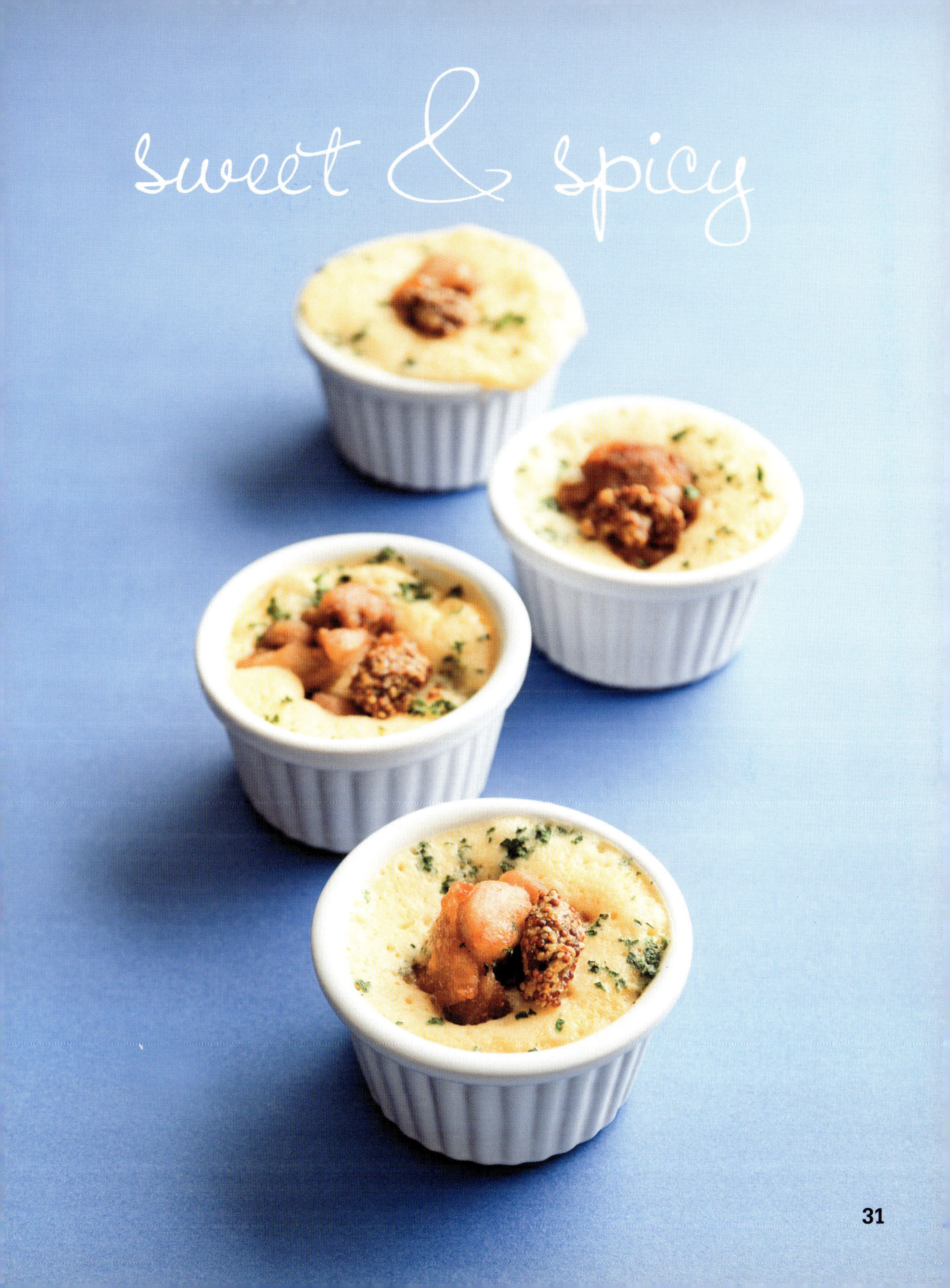

모두가 좋아하는 참치와 치즈에 주키니를 더해
색감과 식감에 변화를 준다.

참치 치즈 주키니 호박 스팀케이크

 10cm×20cm×5cm
짜리 틀 1개 분량

기본 재료

- 참치 통조림 … 작은 캔 1개(70g)
  (기름을 제거하고 큰 덩어리는
  잘게 부순다)
- 피자치즈 … 40g
- 주키니 호박 … 작은 것 1개(150g)
  (장식용으로 얇고 동그랗게
  썰어 10개 준비하고, 나머지는 1cm
  크기로 깍둑썰기 한다)

반죽

- A [달걀 푼 것 1개 + 우유 적당량
   합해서 1/2컵]
- 핫케이크 믹스 … 100g
- 소금 … 1/4작은술
- 올리브유 … 1큰술

* 주키니 호박은 애호박의 일종으로
  하우스에서 친환경농법으로 재배한다.
  미국이나 유럽에서는 스파게티에
  많이 이용한다. 생긴 모양은 애호박과
  비슷하지만 애호박보다 길고 색이
  진하다. 당질과 비타민 A가 풍부해서
  농가 작물로 주목 받고 있다.

 만들기

1 큰 믹싱볼에 반죽 **A** 달걀과 우유를 부어 거품기로 섞은
다음, 핫케이크 믹스, 소금을 분량대로 넣어 뭉치지 않도록
섞다가 올리브유를 1큰술 넣어 반죽한다.

2 반죽에 참치와 치즈, 1cm 크기로 깍둑썰기 한 주키니
호박을 섞어, 틀의 1/2 정도까지 담고, 표면을 평평하게
만든 다음 장식용 주키니를 얹는다.

3 반죽 담은 틀을 전자레인지(500W)에 넣어 6~7분 동안
가열한 후 식으면 틀에서 꺼내 먹기 좋게 썰어 접시에
담는다.

For breakfast!

 당근의 주황색과 지진 달걀의 노란 색을 하트 모양의 틀에 담아 귀엽게 연출.
선물용으로 좋다!

당근 지진 달걀 스팀케이크

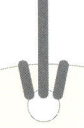

재료 지름 21cm×높이 3cm
짜리 틀 1개 분량

기본 재료
● 당근 … 1개
● 달걀 … 1개
● 샐러드유 … 1작은술

반죽
● **A** [달걀 푼 것 1개 + 우유 적당량
   합해서 1/2컵]
● 핫케이크 믹스 … 100g
● 소금 … 1/4작은술
● 올리브유 … 1큰술
● 볶은 참깨(검은색) … 1/2작은술

 **만들기**

1 당근은 껍질을 벗겨 채칼로 굵게 채 썬다.

2 믹싱볼에 달걀을 푼다. 프라이팬에 샐러드유를 두르고 푼 달걀을 부어 중간 불에서 크게 저어 스크램블을 만든다. 젓가락으로 저어야 달걀이 뭉치지 않는다.

3 큰 믹싱볼에 반죽 재료 **A**인 달걀과 우유를 부어 거품기로 섞은 후, 분량의 핫케이크 믹스, 소금을 섞으면서 올리브유를 넣어 반죽한다.

4 반죽에 준비해 놓은 채 썬 당근과 스크램블을 섞어, 틀의 1/2 정도까지 담은 다음, 표면을 평평하게 고른 후 볶은 참깨를 뿌린다.

5 반죽 담은 틀을 전자레인지(500W)에 넣어 4~5분 동안 가열한 후 식으면 틀에서 꺼낸다.

lovely

종이로 만든 시폰 틀을 사용하여 제과점 케이크 스타일로 마무리.
호박의 단맛과 베이컨의 짭짤한 맛의 조화로 나도 모르는 사이에 과식할 것 같다.

베이컨 호박 스팀케이크

 재료 지름 15cm×높이 10cm
짜리 시폰 틀 1개 분량

기본 재료
● 호박 … 100g
　(씨를 제거하고 1cm 크기로
　깍둑썰기 한다)
● 베이컨 … 3장
　(1cm 폭으로 썬다)

반죽
● **A** [달걀 푼 것 1개 + 우유 적당량
　합해서 1/2컵]
● 핫케이크 믹스 … 100g
● 소금 … 1/4작은술
● 올리브유 … 1큰술
● 파르메산치즈 … 2큰술
● 후춧가루 … 조금

 **만들기**

1 호박은 뜨거운 물에 넣고 한소끔 끓으면 체에 밭쳐 식힌다.

2 큰 믹싱볼에 반죽 재료 A인 달걀과 우유를 부어 거품기로
섞은 다음, 분량의 핫케이크 믹스, 소금을 넣어 뭉치지
않도록 섞으면서, 올리브유, 파르메산치즈, 후춧가루를
넣어 반죽한다.

3 체에 밭친 호박을 장식용으로 조금 덜어 두고 나머지 호박,
썰어 놓은 베이컨을 반죽에 섞어 틀의 1/2정도까지 담은
다음, 표면을 평평하게 고른 후에 장식용 호박을 얹는다.

4 반죽 담은 틀을 전자레인지(500W)에 넣어 4~5분 동안
가열한다.

 + 예쁜 모양과 의외의 재료로 파티에 가지고 가면
모든 사람들의 눈길을 끌 만하다!

새우튀김 아스파라거스 스팀케이크

재료 작은 내열 컵
4개 분량

기본 재료
● 새우튀김 … 4개
  (시중에 판매되고 있는 것)
● 그린 아스파라거스 … 4대
  (밑 부분의 딱딱한 껍질을 벗기고
  반으로 자른다)

반죽
● **A** [달걀 푼 것 1개 + 우유 적당량
     합해서 1/2컵]
● 핫케이크 믹스 … 100g
● 소금 … 1/4작은술
● 올리브유 … 1큰술

 만들기

1 소금(별도로 준비한 것)을 조금 넣은 끓는 물에
아스파라거스를 데치고 찬물에 담가 식힌 후,
물기를 뺀다.

2 큰 믹싱볼에 반죽 **A**재료인 달걀과 우유를 부어
거품기로 섞은 다음, 분량의 핫케이크 믹스, 소금을
넣어 뭉치지 않도록 섞으면서 올리브유를 넣어
반죽한다.

3 반죽을 컵의 1/2 정도까지 담고 표면을 평평하게
고른 후, 장식용 새우튀김과 아스파라거스를
각각의 컵에 모양내어 꽂는다.

4 반죽 담은 내열 컵을 전자레인지(500W)에 넣어
4~5분 동안 가열한다.

반죽에 새우튀김과
아스파라거스를
꽂을 때는 흔들리지 않게
꽂아야 한다.

 +  돈가스와 돈가스에 빼놓을 수 없는 양배추가 스팀케이크로 대변신!
돈가스 소스를 뿌려먹으면 눈이 번쩍 뜨일 정도.

돈가스 양배추 스팀케이크

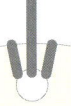 **재료** 10cm×20cm×5cm
짜리 틀 1개 분량

기본 재료
- 돈가스 … 큰 것 1장
  (시중에 판매되고 있는 것, 3cm
  크기로 사방썰기 한다)
- 양배추 … 100g(채 썬다)

반죽
- A [달걀 푼 것 1개 + 우유 적당량
  합해서 1/2컵]
- 핫케이크 믹스 … 100g
- 소금 … 1/4작은술
- 올리브유 … 1큰술

소스
- 돈가스 소스 … 적당량

 **만들기**

1 큰 믹싱볼에 반죽 A 재료인 달걀과 우유를 부어
거품기로 섞은 다음, 분량의 핫케이크 믹스, 소금을
넣어 뭉치지 않도록 섞으면서 올리브유와 채 썬
양배추를 넣어 반죽한다.

2 반죽을 틀의 1/2 정도까지 담고, 돈가스를 꽂아
넣는다.

3 반죽 담은 틀을 전자레인지(500W)에 넣어 6~7분
동안 가열한다. 식으면 틀에서 꺼내 먹기 좋게 잘라
접시에 담고 돈가스 소스를 뿌린다.

Surprising

 +  탱글탱글한 새우와 적당히 부드러운 양상추의 식감이 즐겁다.
뜨거울 때 스푼으로 퍼먹는다.

새우 마요네즈 볶음 스팀케이크

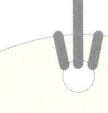

재료 내열 컵
4개 분량

기본 재료
- 껍질 벗긴 새우 … 60g
  (내장이 있으면 제거한다)
- 샐러드유 … 1작은술
- 마요네즈 … 1큰술
- 후춧가루 … 조금
- 양상추 … 40g
  (2cm 크기로 사방썰기 한다)

반죽
- **A** [달걀 푼 것 1개 + 우유 적당량
      합해서 1/2컵]
- 핫케이크 믹스 … 100g
- 소금 … 1/4작은술
- 올리브유 … 1큰술

만들기

1 프라이팬에 샐러드유를 두르고 중간 불로 달군 다음, 껍질
깐 새우를 넣어 가볍게 볶아 마요네즈와 후춧가루로 버무린다.

2 큰 믹싱볼에 반죽 재료 **A**인 달걀과 우유를 부어 거품기로
섞은 다음, 분량의 핫케이크 믹스, 소금을 넣어 뭉치지 않도록
잘 섞으면서 올리브유를 넣어 반죽한다.

3 마요네즈에 버무린 새우 중 4마리를 장식용으로 덜어두고,
나머지 새우와 양상추를 반죽에 섞어 틀의 1/2 정도까지 담고,
표면을 평평하게 만든 다음, 장식용 새우를 얹는다.

4 반죽 담은 내열 컵을 전자레인지(500W)에 넣어 4~5분 동안
가열한다.

43

 +  +  +

토마토를 틀로 사용하는 새로운 발상!
토마토째로 씹으면 새콤달콤하고 풍부한 과즙이 입안에 퍼진다.

청대콩 앤초비 치즈 토마토 컵 스팀케이크

 재료 토마토 컵
4개 분량

기본 재료

- 토마토 ⋯ 큰 것 4개
- 청대콩 ⋯ 깍지에 든 상태로 120g
  (냉동콩은 물에 담가 해동한 다음
  껍질을 깐다.)
  (콩만으로는 50g)
- 앤초비 ⋯ 3장
  (5mm 폭으로 썬다)
- 프로세스치즈 ⋯ 40g
  (8mm로 납작하게 썬다)

반죽

- **A** [달걀 푼 것 1개 + 우유 적당량
  합해서 1/2컵]
- 핫케이크 믹스 ⋯ 100g
- 소금 ⋯ 1/4작은술
- 올리브유 ⋯ 1큰술

* 청대콩은 콩의 한 종류로,
열매의 껍질과 속살이 다
푸른색이다. 일본에서는
주로 껍질째 삶은 뒤 소금을
살짝 뿌려 술안주로 먹는다.

 **만들기**

1 토마토는 위의 1/4 정도를 가로로 자르고, 스푼으로
속을 파내 컵을 만든다. 페이퍼타월 위에 자른 면이
아래로 오도록 놓아 물기를 제거한다. 잘라낸 토마토
윗부분은 꼭지를 제거하고 1cm 크기로 깍둑썰기 한다.

2 큰 믹싱볼에 반죽 재료 A인 달걀과 우유를 부어
거품기로 섞은 다음, 분량의 핫케이크 믹스, 소금을
넣어 뭉치지 않도록 섞으면서 올리브유를 넣어
반죽한다.

3 토마토와 청대콩, 앤초비를 장식용으로 조금
덜어두고, 나머지는 반죽에 섞어 틀의 1/2 정도까지
담고, 표면을 평평하게 만든 다음 장식용 재료인
청대콩과 앤초비, 깍둑썰기 한 토마토를 얹는다.

4 반죽을 담은 토마토 컵을 전자레인지(500W)에 넣어
6~7분 동안 가열한다.

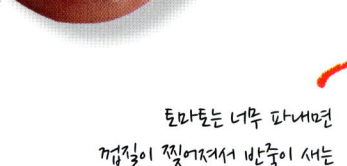

토마토는 너무 파내면
껍질이 찢어져서 반죽이 새는
원인이 되므로 주의한다.

colorful

 +

소시지 브로콜리 스팀케이크

만들기

재료 10cm×20cm×5cm
짜리 틀 1개 분량

기본 재료
- 비엔나소시지 … 3개(70g)
  (8mm 두께로 둥글썰기 한다)
- 브로콜리 … 100g
  (1~2cm 크기로 깍둑썰기 한다)

반죽
- **A** [달걀 푼 것 1개 + 우유 적당량
  합해서 1/2컵]
- 핫케이크 믹스 … 100g
- 소금 … 1/4작은술
- 올리브유 … 1큰술

1 브로콜리는 소금(반죽용과 별도)을 조금 넣은 끓는
물에 데친 후, 찬물에 식힌다.

2 큰 믹싱볼에 반죽 **A** 재료인 달걀과 우유를 부어
거품기로 섞은 다음, 분량의 핫케이크 믹스, 소금을
뭉치지 않도록 섞으면서 데친 브로콜리, 동그랗게 썬
소시지, 올리브유를 넣어 반죽한다.

3 반죽을 틀의 1/2 정도까지 담는다.

4 반죽 담은 틀을 전자레인지(500W)에 넣어 7분 정도
가열하고, 식으면 틀에서 꺼내 먹기 좋게 잘라 접시에
담는다.

문어의 쫄깃한 식감이 새롭다.
치즈와 파슬리로 양식 풍의 맛을 낸다.

문어 치즈 스팀케이크

재료 지름 5cm×높이 5cm
짜리 틀 4개 분량

만들기

1 큰 믹싱볼에 반죽 **A** 재료인 달걀과 우유를 부어 거품기로 섞은 다음, 분량의 핫케이크 믹스, 소금을 뭉치지 않도록 섞고, 올리브유, 파슬리를 넣어 반죽한다.

2 썰어서 준비한 문어, 치즈를 장식용으로 조금 덜어 놓고 남은 문어, 치즈를 반죽에 섞어 틀의 1/2 정도까지 담고, 표면을 평평하게 한 후 장식용 문어, 치즈를 올린다.

3 반죽 담은 틀을 전자레인지(500W)에 넣어 4~5분 동안 가열한 후 식으면 틀에서 꺼낸다.

기본 재료

- 데친 문어 ⋯ 80g
  (얇고 둥글게 썬다)
- 프로세스치즈 ⋯ 50g
  (8mm 크기로 깍둑썰기 한다)

반죽

- **A** [달걀 푼 것 1개 + 우유 적당량
  합해서 1/2컵]
- 핫케이크 믹스 ⋯ 100g
- 소금 ⋯ 1/4작은술
- 올리브유 ⋯ 1큰술
- 파슬리(다진 것) ⋯ 2큰술

앤초비와 올리브의 풍미를 살려 어른들이 좋아하는 맛이다.
와인과 함께 즐겨도 좋다.

파프리카 앤초비 올리브 스팀케이크

재료 푸딩 컵 크기의 실리콘 케이스 4개 분량

 **만들기**

1 큰 믹싱볼에 반죽 재료 **A**인 달걀과 우유를 부어
거품기로 섞은 다음, 분량의 핫케이크 믹스, 소금을
뭉치지 않도록 섞으면서, 올리브유를 넣어 반죽한다.

2 반죽에 파프리카, 올리브, 앤초비를 섞어 틀의
1/2 정도까지 담고, 표면을 평평하게 만든다.

3 반죽 담은 틀을 전자레인지(500W)에 넣어 4~5분 동안
가열한 후 식으면 틀에서 꺼낸다.

기본 재료

- 파프리카 ⋯ 80g
  (다양한 색의 파프리카 꼭지와
  씨를 제거하고 8mm로 사방썰기)
- 올리브 ⋯ 4개
  (3~4mm 두께로 둥글썰기 한다)
- 앤초비 ⋯ 3장(8mm 폭으로 썬다)

반죽

- **A** [달걀 푼 것 1개 + 우유 적당량
  합해서 1/2컵]
- 핫케이크 믹스 ⋯ 100g
- 소금 ⋯ 1/4작은술
- 올리브유 ⋯ 1큰술

파스텔컬러가 식욕을 돋우는 스팀케이크.
옥수수의 톡톡 터지는 식감과 달콤한 맛이 포인트.

연어 오크라 옥수수 스팀케이크

만들기

1 오크라는 소금(반죽용과 별도)을 묻혀, 끓는 물에 데친 다음 물기를 빼고, 8mm 두께로 둥글썰기 한다.

2 큰 믹싱볼에 반죽 재료 **A**인 달걀과 우유를 부어 거품기로 섞은 다음, 분량의 핫케이크 믹스, 소금을 뭉치지 않도록 잘 섞고, 올리브유를 넣어 반죽한다.

3 훈제연어, 옥수수, 오크라를 장식용으로 조금 덜어두고, 남은 재료를 반죽에 섞어 틀의 1/2 정도까지 담고, 표면을 평평하게 한 후, 그 위에 장식용 재료를 얹는다.

4 틀에 담은 반죽을 전자레인지(500W)에 넣어 4~5분 동안 가열한다.

재료 지름 12cm×높이 6cm 짜리 틀 2개 분량

기본 재료
● 훈제연어 … 50g (1cm 폭으로 썬다)
● 옥수수 통조림 … 50g
  (알이 통째로 들어 있는 것. 물기는 제거한다)
● 오크라 … 4~5개

반죽
● **A** [달걀 푼 것 1개 + 우유 적당량 합해서 1/2컵]
● 핫케이크 믹스 … 100g
● 소금 … 1/4작은술
● 올리브유 … 1큰술

* 오크라는 아열대 채소 중 하나로 생김새는 풋고추와 비슷하나 표면에 잔털이 있고 각이 져 있다. 썰면 속에 끈끈한 점액질 성분이 있어 고추와는 식감이 다르다.

50

후다닥 뚝딱 사용법!

1 행주 살균하기

비닐봉지에 행주를 넣고 행주가 젖을 정도 물을 부은 후 중성세제 1~2방울, 베이킹소다 2스푼, 식초 1~2방울 넣고 비닐봉지를 봉한다. 그 봉지를 전자레인지에 3분(700W 기준)만 돌리면 삶은 것과 같은 효과를 얻을 수 있다.

2 묵은 재료 재생시키기

오래 묵어 딱딱해진 건포도는 물이나 포도주를 조금 뿌리고 랩으로 싸서 30초 정도 가열하면 연하고 부드러워진다. 눅눅해진 과자는 종이타월을 깐 접시에 펴놓고 30초 동안 가열했다 꺼내놓으면 바삭바삭 갓 구운 과자 같다. 소금, 고춧가루 등이 오래 묵어 뭉쳤을 때는 종이타월에 펴놓고 20초 동안 가열한다. 보송보송 새 재료 같다.

3 급하게 야채 데치기

야채를 물에 씻은 후 물기를 완전히 제거하지 않은 채로 접시에 담고 랩을 씌워 3분 정도 돌려준다. 끓는 물에 데치는 것보다 물에 녹아 빠져나가기 쉬운 수용성 비타민과 미네랄의 손실을 막아줘 영양을 보존하고 빨리 데쳐진다.

4 레몬즙 짜기

깨끗이 씻은 레몬을 자르지 않은 상태에서 전자레인지에 1분간 돌려준다. 레몬이 살짝 익어 과일 조직이 연해져 레몬즙을 더욱 많이 빨리 쉽게 짤 수 있다.

5 통마늘 까기

통마늘 껍질을 까기가 번거로울 때 뿌리가 있는 통마늘 밑동 부분을 칼로 잘라내고 잘린 부분을 위로 놓는다. 그리고 30초 정도 돌려준다. 그렇게 하면 껍질을 살짝 밀기만 해도 기름을 칠한 것처럼 마늘 알갱이가 쏙쏙 빠져 나온다.

일본식 스팀케이크 2

- 얼핏 보면 눈에 띄지 않는 식재료도 함께 짜 맞추면 음식 맛의 주역으로 바꿀 수 있다.
- 먹고 또 먹고 싶은 맛이다.

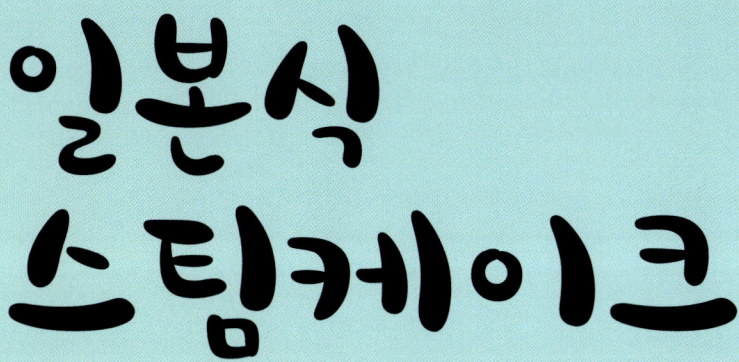

 대구 알과 스팀케이크 반죽이 의외로 잘 어울린다.
맛이 부드러워 어른과 아이 모두에게 인기다.

대구 알 청대콩 스팀케이크

 재료 푸딩 컵 5개 분량

기본 재료
- 대구 알 … 큰 것 1/2개
  (장식용으로 5개를 얇고
  동글동글하게 썰고, 나머지는
  속을 긁어낸다.)
- 청대콩 … 깍지에 든 상태로 120g
  (냉동콩은 물에 담가 해동한 다음
  껍질을 벗긴다.)
  (콩만으로는 50g)

반죽
- **A** [달걀 푼 것 1개 + 우유 적당량
  합해서 1/2컵]
- 핫케이크 믹스 … 100g
- 소금 … 1/4작은술
- 올리브유 … 1큰술

소스
- **B** [생크림 3큰술 + 마요네즈
  2큰술]

 **만들기**

1 큰 믹싱볼에 반죽 재료 **A**인 달걀과 우유를 부어
거품기로 섞은 다음, 분량의 핫케이크 믹스, 소금을
뭉치지 않도록 섞다가, 올리브유를 넣어 반죽한다.

2 청대콩을 장식용으로 조금 덜어두고, 남은
청대콩, 긁어낸 대구 알을 반죽에 섞어 틀의
1/2 정도까지 담고, 표면을 평평하게 만든 다음,
장식용 재료를 얹는다.

3 틀에 담은 반죽을 전자레인지(500W)에 넣어
4~5분 동안 가열한다.

4 취향에 따라 소스 재료인 생크림과 마요네즈를
분량대로 섞어 뿌려 먹는다.

Try New Taste!

 + 염장 다시마와 아보카도의 부드러운 느낌이 맛을 살려준다.
작은 크기로 만들어서 안주용으로 사용해도 굿!

아보카도 염장 다시마 스팀케이크

재료
4cm×4cm×4cm
짜리 틀 6개 분량

기본 재료
- 아보카도 … 1/2개
  (씨와 껍질을 제거하고, 1.5cm
  크기로 깍둑썰기 한다)
- 레몬즙 … 1작은술
- 염장 다시마 … 8g

반죽
- **A** [달걀 푼 것 1개 + 우유 적당량
  합해서 1/2컵]
- 핫케이크 믹스 … 100g
- 소금 … 1/4작은술
- 올리브유 … 1큰술

 만들기

1 아보카도는 레몬즙을 뿌리고, 염장 다시마는 2~3cm 길이로
썬다. 각각 장식용으로 조금씩 덜어둔다.

2 큰 믹싱볼에 반죽 재료 **A**인 달걀과 우유를 부어 거품기로
섞은 다음, 분량의 핫케이크 믹스, 소금을 뭉치지 않도록
섞다가, 올리브유를 넣어 반죽한다. 반죽에 손질해 놓은
아보카도와 염장다시마를 섞는다.

3 반죽을 틀의 1/2 정도까지 담고, 장식용 재료인 아보카도와
염장 다시마를 그 위에 얹는다.

4 틀에 담은 반죽을 전자레인지(500W)에 넣어 3~4분 동안
가열한다.

절임과 어묵이라는 의외의 재료지만
한 번 먹으면 끊을 수 없는 제대로 된 풍미가 매력!!

순무청 절임 어묵 스팀케이크

재료 14cm×14cm×4cm
짜리 틀 1개 분량

기본 재료

- 순무청 절임 ··· 60g(다진다)
- 어묵 ··· 작은 것 2개
  (1개는 굵게 다지고, 나머지는
  장식용으로 5mm 두께로 둥글썰기
  한다)
- 볶은 참깨 ··· 1큰술

반죽

- **A** [달걀 푼 것 1개 + 우유 적당량
  합해서 1/2컵]
- 핫케이크 믹스 ··· 100g
- 올리브유 ··· 1큰술

만들기

1 큰 믹싱볼에 반죽 재료 **A**인 달걀과 우유를 부어
거품기로 섞은 다음, 분량의 핫케이크 믹스를 뭉치지
않도록 섞으면서 올리브유를 넣어 반죽한다. 반죽에
순무청 절임, 굵게 다진 어묵, 참깨를 섞는다.

2 반죽을 틀의 1/2 정도까지 담고, 장식용 어묵을
얹는다.

3 틀에 담은 반죽을 전자레인지(500W)에 넣어 6~7분
동안 가열한다.

For snack

삼각김밥 재료의 황금 콤비를 스팀케이크용으로 변경.
바다향이 풍겨 마음이 편해지는 맛이다.

연어 플레이크 김 스팀케이크

재료 지름 6cm×높이3.5cm
짜리 틀 6개 분량

기본 재료

- 연어 플레이크 … 3큰술
  (시중에 판매되고 있는 것)
- 구운 김 … 전지 1/2장
  (2cm 크기로 썬다)

반죽

- **A** [달걀 푼 것 1개 + 우유 적당량
  합해서 1/2컵]
- 핫케이크 믹스 … 100g
- 올리브유 … 1큰술

만들기

1 큰 믹싱볼에 반죽 재료 **A**인 달걀과 우유를 부어 거품기로
섞은 다음, 거기에 핫케이크 믹스를 분량대로 넣어 뭉치지
않도록 잘 섞으면서, 올리브유를 넣어 반죽한다.

2 손질해 놓은 김과 연어 플레이크를 장식용으로 조금
덜어두고, 나머지 김과 연어 플레이크를 반죽에 섞는다.

3 반죽을 틀의 1/2 정도까지 담고, 장식용 김과 연어
플레이크를 뿌린다.

4 틀에 담은 반죽을 전자레인지(500W)에 넣어 4~5분 동안
가열한다.

yummy!

반죽에 참마를 넣어 촉촉함이 감돈다.
아카시소의 신맛으로 식욕도 돋운다!

참마 스팀케이크

 **만들기**

1 큰 믹싱볼에 갈아놓은 마와 반죽 재료 **A**인
달걀과 우유를 부어 거품기로 섞은 다음,
분량의 핫케이크 믹스, 소금을 뭉치지 않도록
섞으면서, 녹인 버터를 더 넣어 반죽한다.

2 반죽을 틀의 1/2 정도까지 담는다.

3 틀에 담은 반죽을 전자레인지(500W)에
넣어 4~5분 동안 가열한 다음,
장식용 참마를 얹고, 아카시소를 뿌린다.

재료 10cm×5cm×4cm
짜리 틀 4개 분량

기본 재료

● 참마 ··· 100g(갈아놓는다)
● 참마 ··· 적당량(장식용, 8mm
  크기로 깍둑 썰어 8개를 만든다)
● 아카시소 ··· 조금

반죽

● **A** [달걀 1개 + 우유 2큰술]
● 핫케이크 믹스 ··· 100g
● 소금 ··· 1/4작은술
● 녹인 버터 ··· 1큰술

* 아카시소란 일본 깻잎으로 깻잎과
  비슷한 모양이지만 향이 전혀 다르다.
  한국에서는 구하기 어려운
  재료이므로 깻잎으로 대체해도 좋다.

62

파와 생강 초절임으로 참치의 비린 맛을 잡는다.
오코노미야키와 비슷한 맛이 나는 것이 재미있다!

참치 파 스팀케이크

만들기

1 큰 믹싱볼에 반죽 재료 **A**인 달걀과 우유를 부어 거품기로
   섞은 다음, 분량의 핫케이크 믹스를 뭉치지 않도록
   잘 섞으면서, 올리브유를 넣어 반죽한다. 거기에 참치,
   파, 생강 초절임을 섞는다.

2 반죽을 틀의 1/2 정도까지 담는다.

3 틀에 담은 반죽을 전자레인지(500W)에 넣어 6~7분
   동안 가열한다.

재료 지름 10㎝×높이 5㎝
짜리 틀 2개 분량

기본 재료

● 참치 통조림 … 작은 캔 1개(70g)
  (기름을 제거하고 큰 덩어리는
  작게 부순다)
● 파 … 2/3뿌리(잘게 썬다)
● 생강 초절임 … 20g(잘게 썬다)
  (시중에서 판매되고 있는 것)

반죽

● **A** [달걀 푼 것 1개 + 우유 적당량
  합해서 1/2컵]
● 핫케이크 믹스 … 100g
● 올리브유 … 1큰술

63

  무순의 가벼운 맛과 튀김 알갱이의 바삭한 느낌이 특이하다.
게맛살 대신 어묵을 사용해도 좋다.

게맛살 무순
튀김 알갱이 스팀케이크

1 큰 믹싱볼에 반죽 재료 **A**인 달걀과 우유를 부어 거품기로 섞은 다음,
분량의 핫케이크 믹스, 소금을 뭉치지 않도록 잘 섞으면서, 올리브유를 넣어
반죽한다.

2 손질해 놓은 게맛살, 무순, 튀김 알갱이를 각각 조금씩 장식용으로
덜어두고. 남은 재료는 반죽에 섞는다.

3 반죽을 틀의 1/2 정도까지 담고, 장식용으로 덜어 둔 재료를 뿌린다.

4 틀에 담은 반죽을 전자레인지(500W)에 넣어 6~7분 동안 가열한다.

재료 12cm×12cm×5cm
짜리 틀 1개 분량

기본 재료
● 게맛살 … 3개
　(반으로 잘라 잘게 쪼갠다)
● 무순 … 한 봉지(50g)
　(밑 부분을 제거하고 반으로 자른다)
● 튀김 알갱이 … 20g

반죽
● **A** [달걀 푼 것 1개 + 우유 적당량
　합해서 1/2컵]
● 핫케이크 믹스 … 100g
● 소금 … 1/4작은술
● 올리브유 … 1큰술

감칠맛이 있는 참치와 버섯 절임을 매운맛으로
다잡는 것이 유자후추. 술안주로 좋다.

참치 버섯 절임
스팀케이크

만들기

1 큰 믹싱볼에 반죽 재료 **A**인 달걀과 우유를 부어 거품기로 섞은 다음,
분량의 핫케이크 믹스를 뭉치지 않도록 섞으면서, 올리브유를 넣어
반죽한다.

2 손질해 놓은 참치, 버섯 절임, 유자후추를 각각 장식용, 토핑용으로
조금 덜어두고 남은 재료는 반죽에 섞는다.

3 반죽을 틀의 1/2 정도까지 담는다.

4 틀에 담은 반죽을 전자레인지(500W)에 넣어 6~7분 동안 가열한다.

5 케이크 위에 장식용, 토핑용 재료를 장식한다.

재료 미니 파운드케이크 틀
6개 분량

기본 재료
● 참치 통조림 … 작은 캔 1개(70g)
  (기름을 제거하고 잘게 부순다)
● 버섯 절임 … 50g

반죽
● **A** [달걀 푼 것 1개 + 우유 적당량
  합해서 1/2컵]
● 핫케이크 믹스 … 100g
● 올리브유 … 1큰술

토핑
● 유자후추 … 1/2작은술

＊ 유자후추란 유자, 고추, 소금을 섞어
  만든 것으로 일본식 요리에 쓰이는
  양념이다. 후추는 큐슈지역 사투리로
  고추를 뜻한다.

후리가케를 넣으면 과자 같은 맛이 난다. 양배추가 듬뿍 들어 있어 몸에 좋은 케이크이다.

양배추 후리가케 스팀케이크

 **만들기**

1 큰 믹싱볼에 반죽 재료 **A**인 달걀과 우유를 부어 거품기로 섞은 다음, 분량의 핫케이크 믹스, 소금을 뭉치지 않도록 잘 섞으면서, 올리브유를 넣어 반죽한다.

2 후리가케는 장식용으로 조금 덜어두고 양배추와 남은 후리가케를 반죽에 섞는다.

3 반죽을 틀의 1/2 정도까지 담고, 장식용 후리가케를 뿌린다.

4 틀에 담은 반죽을 전자레인지(500W)에 넣어 6~7분 동안 가열한다.

재료 지름 15cm×높이 6cm 짜리 틀 1개 분량

기본 재료
- 양배추 … 100g(채 썬다)
- 후리가케 … 2큰술

반죽
- **A** [달걀 푼 것 1개 + 우유 적당량 합해서 1/2컵]
- 핫케이크 믹스 … 100g
- 소금 … 1/4작은술
- 올리브유 … 1큰술

벚꽃새우와 소송채로 칼슘이 듬뿍!
풍미가 향기로워 채소를
싫어하는 아이들도 군말 없이 먹는다!

벚꽃새우 소송채 스팀케이크

만들기

1 큰 믹싱볼에 반죽 재료 **A**인 달걀과 우유를 부어 거품기로 섞은 다음, 분량의 핫케이크 믹스, 소금을 뭉치지 않도록 잘 섞으면서, 올리브유를 넣어 반죽한다.

2 벚꽃새우는 장식용으로 조금 덜어놓고 남은 벚꽃새우, 소송채를 반죽에 섞는다.

3 반죽을 틀의 1/2 정도까지 담고, 장식용 벚꽃새우를 얹는다.

4 틀에 담은 반죽을 전자레인지(500W)에 넣어 4~5분 동안 가열한다.

재료 내열 컵 4개 분량

기본 재료
- 벚꽃새우 ⋯ 10g
- 소송채 ⋯ 80g(밑 부분을 제거하고 1cm 길이로 썬다)

반죽
- **A** [달걀 푼 것 1개 + 우유 적당량 합해서 1/2컵]
- 핫케이크 믹스 ⋯ 100g
- 소금 ⋯ 1/4작은술
- 올리브유 ⋯ 1큰술

* 소송채는 일식과 중국요리에 자주 등장하는 채소로 볶음이나 샤브샤브 요리에 쓰인다. 시금치와 비슷하게 생겼고 시금치보다 칼슘 함유량이 5~6배 높다. 마트 유기농채소 코너에 가면 살 수 있다.

소송채[한울팜·소화농장]

67

 +  바지락 조림 특유의 깊은 맛, 감칠맛, 새콤달콤한 나물 맛이 매력!
수송나물의 아삭한 식감도 좋다.

바지락 조림
수송나물 스팀케이크

1 큰 믹싱볼에 반죽 재료 **A**인 달걀과 우유를 부어 거품기로 섞은
다음, 분량의 핫케이크 믹스를 뭉치지 않도록 잘 섞으면서,
올리브유를 넣어 반죽한다.

2 수송나물은 장식용으로 조금 덜어놓고 나머지는 반죽에 섞는다.

3 반죽을 틀의 1/2 정도까지 담고, 표면을 평평하게 만든 다음,
바지락 조림과 장식용 수송나물을 뿌린다.

4 틀에 담은 반죽을 전자레인지(500W)에 넣어 6~7분 동안
가열한다.

 재료 15cm×8cm×4.5cm
짜리 틀 1개 분량

기본 재료
● 바지락 조림 … 1큰술
● 수송나물 … 60g(3cm 길이로 썬다)

반죽
● **A** [달걀 푼 것 1개 + 우유 적당량
합해서 1/2컵]
● 핫케이크 믹스 … 100g
● 올리브유 … 1큰술

* 수송나물은 바닷가 갯벌이나
모래땅에서 자라는 한해살이풀로
어린 순을 따서 나물로 먹는다.
일반마트에서는 사기 어려우므로
톳나물로 대신해도 된다.

톳은 부드러운 싹 부분을 사용하면 반죽과 잘 섞어진다.
가다랑어포가 깊은 맛을 내준다.

톳 쪽파 가다랑어포
스팀케이크

만들기

1 톳 싹은 물에 10분 동안 담갔다 꺼내 체에 밭쳐 물기를 뺀다.

2 큰 믹싱볼에 반죽 재료 **A**인 달걀과 우유를 부어 거품기로 섞은 다음,
분량의 핫케이크 믹스, 소금, 올리브유를 넣어 반죽한다.

3 톳, 쪽파, 가다랑어포를 장식용으로 조금 덜어두고 남은 것은
반죽에 섞는다.

4 반죽을 틀의 1/2 정도까지 담고, 표면을 평평하게 만든 다음,
장식용 톳, 쪽파, 가다랑어포를 그 위에 얹는다.

5 틀에 담은 반죽을 전자레인지(500W)에 넣어 4~5분 동안 가열한다.

재료
10cm×20cm×5cm
짜리 틀 1개 분량

기본 재료
● 톳 싹 ⋯ 2큰술
● 쪽파 ⋯ 30g
　(5~6mm 길이로 썬다)
● 가다랑어포 ⋯ 5g

반죽
● **A** [달걀 푼 것 1개 + 우유 적당량
　합해서 1/2컵]
● 핫케이크 믹스 ⋯ 100g
● 소금 ⋯ 1/4작은술
● 올리브유 ⋯ 1큰술

잔멸치의 감칠맛과 볶은 참깨의 고소함이 액센트!

잔멸치 경수채
스팀케이크

만들기

1 큰 믹싱볼에 반죽 재료 **A**인 달걀과 우유를 부어 거품기로 섞은
  다음, 분량의 핫케이크 믹스, 소금을 뭉치지 않도록 잘 섞으면서,
  올리브유를 넣어 반죽하고, 잔멸치, 경수채를 섞는다.

2 반죽을 각각의 틀에 1/2 정도씩 담고, 표면을 평평하게 한 다음,
  그 위에 참깨를 뿌린다.

3 틀에 담은 반죽을 전자레인지(500W)에 넣어 4∼5분 동안
  가열한다.

재료 7.5cm × 7.5cm × 2.5cm
짜리 틀 4개 분량

기본 재료
- 잔멸치 … 3큰술
- 경수채 … 80g(2cm 길이로 썬다)
- 볶은 참깨 … 1/2큰술

반죽
- **A**[달걀 푼 것 1개 + 우유 적당량
  합해서 1/2컵]
- 핫케이크 믹스 … 100g
- 소금 … 1/4작은술
- 올리브유 … 1큰술

* 경수채는 샐러드나 샤브샤브에 자주
쓰이는 채소로 물과 흙만 있으면
재배가 가능하다. 아삭한 식감이 좋아
요즘 농가에서 샐러드 채소로 많이
기르고 있다. 치커리와 비슷하며 마트
유기농채소 코너에서 살 수 있다.

전자레인지 청소는 이렇게

전자레인지는 음식을 직접 넣어 돌리기 때문에 세제를 사용해서 닦기가 꺼려진다. 또 세제로 닦아낸 부분을 물로 말끔하게 헹궈낼 수도 없다. 이럴 때 식초, 물, 소다 등 천연 재료를 이용해서 닦으면 안심하고 깨끗하게 청소할 수 있다.

1 소다물로 닦는다

물 1컵에 소다 1~2작은술을 풀어 희석시킨다. 희석한 소다물을 내열용기에 담아 전자레인지에 넣고 돌린다. 내부의 증기로 인해 전자레인지 안에 물방울이 맺히게 되는데 이때 젖은 행주로 닦아 때를 제거하고 마른 행주로 마무리한다.

2 식초물로 닦는다

생선을 데우고 난 뒤 비린내가 가시지 않을 때는 젖은 행주에 식초를 조금 묻혀 닦거나 식초 1큰술을 물에 희석시킨 후 용기에 담아 전자레인지에 넣고 가열하면 냄새를 쉽게 없앨 수 있다.

3 레몬물로 닦는다

물 한 컵에 레몬 두 조각을 넣고 2~3분 동안 가열한 후 키친타월로 닦아주면 전자레인지 안의 각종 악취를 없앨 수 있다.

4 레몬껍질과 귤껍질로 닦는다

레몬껍질이나 귤껍질을 넣고 가열한 후 키친타월로 닦아내면 음식 냄새가 나지 않을 뿐 아니라 귤 향기가 퍼져 전자레인지 안이 상큼해진다.

에스닉 풍&디저트 풍
스팀케이크

3

- 손님 접대나 파티에서도 뽐낼 수 있는 스팀케이크.
- 계속해서 찾게 되는 매력적인 풍미가 특징이다.

김치와 오이의 아삭아삭한 식감이 마치 반찬을 먹고 있는 것 같은 느낌.
김치의 매운 맛이 자극적이다.

김치 오이 스팀케이크

 재료 내열 컵 2개 분량

기본 재료

- 배추김치 … 60g
  (8mm 크기로 잘게 썬다)
- 오이 … 1개
  (얇게 반달썰기 한다)
- 볶은 참깨 … 2큰술

반죽

- **A** [달걀 푼 것 1개 + 우유 적당량
  합해서 1/2컵]
- 핫케이크 믹스 … 100g
- 올리브유 … 1/2큰술
- 참기름 … 1/2큰술

 **만들기**

1 오이는 믹싱볼에 넣어 소금 1/2작은술(반죽용과
별도)을 뿌려 가볍게 섞고, 10분 정도 두어 숨이
죽으면 씻은 다음 물기를 뺀다.

2 큰 믹싱볼에 반죽 재료 **A**인 달걀과 우유를 부어
거품기로 섞은 다음, 분량의 핫케이크 믹스를
뭉치지 않도록 잘 섞으면서, 올리브유와 참기름을
넣어 반죽한다.

3 배추김치, 오이는 장식용으로 조금 덜어두고
남은 것은 반죽에 섞는다.

4 반죽을 내열 컵에 1/2 정도씩 담고, 표면을
평평하게 한 다음, 장식용 재료를 얹고 그 위에
참깨를 뿌린다.

5 컵에 담은 반죽을 전자레인지(500W)에 넣어
6~7분 동안 가열한다.

Hot taste !

 슈마이가 얹혀져 있는 모양은 웃음이 지어질 만큼 귀엽다.
돼지고기 찐빵 같은 맛이다.

슈마이 양배추 스팀케이크

 **재료** 지름 13cm×높이 6cm
짜리 시폰 틀 1개 분량

기본 재료
● 슈마이 … 6개
  (시중에 판매되고 있는 것)
● 양배추 … 80g(채 썬다)

반죽
● **A** [달걀 푼 것 1개 + 우유 적당량
  합해서 1/2컵]
● 핫케이크 믹스 … 100g
● 소금 … 1/4작은술
● 올리브유 … 1/2큰술
● 참기름 … 1/2큰술

토핑
● 연겨자 … 적당량(취향에 따라)

*슈마이는 중국의 만두에서 유래된
음식으로 한국에서도 새우 슈마이,
한치 슈마이가 냉동식품으로
출시되어 아이들 간식으로 많이
이용한다. 물만두나 딤섬으로
대체가 가능하다.

 **만들기**

1 큰 믹싱볼에 반죽 재료 **A**인 달걀과 우유를 부어
거품기로 섞은 다음, 분량의 핫케이크 믹스, 소금을
뭉치지 않도록 잘 섞으면서, 올리브유와 참기름을
넣어 반죽한다.

2 채 썬 양배추를 반죽에 섞는다.

3 반죽을 틀의 1/2 정도씩 담고, 표면을 평평하게
한 다음, 그 위에 슈마이를 얹는다.

4 반죽 담은 틀을 전자레인지(500W)에 넣어 6~7분
동안 가열한 후 식으면 틀에서 꺼내 적당한 크기로
썰어 취향에 따라 연겨자를 얹어 먹는다.

슈마이는 반죽에 살짝 누르듯이 얹으면 움직이지 않는다.

Chinese taste

 사과의 새콤달콤함 때문에 닭가슴살의 담백함이 신경 쓰이지 않는다.
과육을 파낸 사과를 틀로 사용하기 때문에 사랑스럽다.

사과 닭가슴살 스팀케이크

 재료 사과껍질 컵
6개 분량

기본 재료
- 사과 파낸 과육 … 1개 분량
- 닭가슴살 … 큰 것 1개

반죽
- **A** [달걀 푼 것 1개 + 우유 적당량
  합해서 1/2컵]
- 핫케이크 믹스 … 100g
- 소금 … 1/4작은술
- 녹인 버터 … 1큰술

*사과 틀은 기본 재료로 사용하는
사과와는 별도로 만드는 법 1과 같은
방법으로 두개 더 과육을 파내 모두
6개를 준비한다.

 **만들기**

1 사과는 껍질을 벗기지 않은 상태로 잘 씻어 세로로 반 자르고,
바닥에 닿는 면이 안정되도록 조금 잘라낸다. 반 가른 사과를
스푼으로 씨 부분과 과육을 파낸다. 이때 두께 5mm 정도는 남겨둔다.
그래야 반죽 담을 틀이 만들어진다.

2 파낸 사과 과육 중 1개 분량은 1cm 크기로 깍둑썰기 한다. 틀용으로
잘라낸 바닥 부분의 껍질은 장식용으로 5mm 넓이로 납작하게 썬다.

3 닭가슴살은 5mm 크기로 깍둑썰기 한다.

4 큰 믹싱볼에 반죽 재료 **A**인 달걀과 우유를 부어 거품기로 섞은
다음, 분량의 핫케이크 믹스, 소금을 뭉치지 않도록 잘 섞으면서,
녹인 버터를 넣어 반죽한다. 반죽에 닭가슴살과 사과를 더 섞는다.

5 사과 틀을 내열 접시에 올려놓고 틀의 1/2 정도까지 반죽을
담고 그 위에 장식용 사과껍질을 얹는다.

6 사과 틀을 얹은 내열 접시를 전자레인지(500W)에 넣어 4~5분
동안 가열한다.

짜사이는 양념이 되어 있는 것을 사용하여 반죽에 풍미를 살린다.
청경채는 가열해도 물기가 나오지 않으므로 폭신폭신하게 완성된다.

짜사이 파 청경채 스팀케이크

만들기

1 청경채는 1장씩 뜯어내고 잎이 너무 크면 반으로 잘라 채 썬다.

2 큰 믹싱볼에 반죽 재료 **A**인 달걀과 우유를 부어 거품기로 섞은 다음,
분량의 핫케이크 믹스, 소금을 뭉치지 않도록 잘 섞으면서,
올리브유, 참기름을 넣어 반죽한다.

3 짜사이는 장식용으로 조금 덜어둔다. 나머지 짜사이, 청경채,
파, 생강을 반죽에 섞는다.

4 반죽을 각각의 틀에 1/2 정도씩 담고, 표면을 평평하게 한 다음,
그 위에 장식용 짜사이를 얹는다.

5 틀에 담은 반죽을 전자레인지(500W)에 넣어 4~5분 동안
가열한다.

재료 지름 5cm×높이 6.5cm
짜리 틀 4개 분량

기본 재료
● 청경채 … 60g
● 짜사이 … 20g(양념된 것. 채 썬다)
● 파 … 6cm(얇고 동글동글하게 썬다)
● 생강 … 작은 것 1/2조각(채 썬다)

반죽
● **A** [달걀 푼 것 1개 + 우유 적당량
합해서 1/2컵]
● 핫케이크 믹스 … 100g
● 소금 … 1/4작은술
● 올리브유 … 1/2큰술
● 참기름 … 1/2큰술

차슈의 맛을 살리기 위해 참기름을 넣어 중국풍으로 마무리한다.
양배추 대신 배추를 사용해도 맛있다.

차슈 양배추 스팀케이크

재료 지름 8.5cm×높이 5cm
짜리 내열 컵 2개 분량

기본 재료

- 차슈 ⋯ 50g
  (시중에 판매되고 있는 것. 3mm
  두께, 1cm 크기로 사방썰기 한다)
- 양배추 ⋯ 80g
  (1.5cm 크기로 사방썰기 한다)

반죽

- **A** [달걀 푼 것 1개 + 우유 적당량
  합해서 1/2컵]
- 핫케이크 믹스 ⋯ 100g
- 소금 ⋯ 1/4작은술
- 올리브유 ⋯ 1/2큰술
- 참기름 ⋯ 1/2큰술

* 차슈는 돼지고기를 양념해서 찐
것으로 일본에서는 라멘의 웃기로
곁들여 나온다. 돼지고기 삼겹살이나
목살을 간장에 조리면 되는데
원래는 중국 관동요리이다. 차슈
대신 족발 살로 대신해도 맛있다.

만들기

1 큰 믹싱볼에 반죽 재료 **A**인 달걀과 우유를 부어 거품기로 섞은
다음, 분량의 핫케이크 믹스, 소금을 뭉치지 않도록 잘 섞으면서,
올리브유, 참기름을 넣어 반죽한다.

2 차슈, 양배추는 장식용으로 조금 덜어두고 나머지는 반죽에
섞는다.

3 반죽을 내열 컵에 1/2 정도씩 담고, 표면을 평평하게 한 다음,
그 위에 장식용 차슈와 양배추를 얹는다.

4 반죽을 담은 내열 컵을 전자레인지(500W)에 넣어 5~6분 동안
가열한다.

 촉촉하고 육즙이 많은 삶은 닭고기와 파·소금장이 또 먹고 싶은 절묘한 콤비네이션.

삶은 닭고기
파·소금장 스팀케이크

 **만들기**

1 닭가슴살은 내열 접시에 얹어 술, 소금을 뿌리고, 여유 있게 랩을
   씌워 전자레인지(500W)로 3분 정도 가열한 후, 그대로 식혀
   손으로 쭉쭉 찢어 놓는다.

2 믹싱볼에 **A** 재료인 다진 파, 참기름, 소금을 섞어 놓는다.

3 다른 큰 믹싱볼에 **B** 재료인 푼 달걀과 우유를 부어 거품기로
   섞은 다음, 분량의 핫케이크 믹스, 소금을 뭉치지 않도록 잘
   섞으면서, 올리브유, 참기름을 넣어 반죽한다.

4 쭉쭉 찢어 놓은 삶은 닭고기는 1/2 을 덜어 장식용으로 두고
   나머지는 반죽에 섞는다.

5 반죽을 각각의 틀에 1/2 정도씩 담고, 표면을 평평하게 한 다음,
   그 위에 장식용 닭고기를 얹는다.

6 틀에 담은 반죽을 전자레인지(500W)에 넣어 4~5분 동안
   가열한 후, 2의 파·소금장을 얹고 후춧가루를 뿌린다.

 재료   지름 6cm×높이 5.5cm
짜리 틀 4개 분량

기본 재료
- 닭가슴살 … 100g
- 술 … 1큰술
- 소금 … 조금
- **A** [파 4큰술(다진 것) + 참기름
   1큰술 + 소금 조금]

반죽
- **B** [달걀 푼 것 1개 + 우유 적당량
   합해서 1/2컵]
- 핫케이크 믹스 … 100g
- 소금 … 1/4작은술
- 올리브유·참기름 … 1/2큰술씩

토핑
- 후춧가루 … 조금

 +  +  바나나의 끈끈한 단맛이 삶은 닭고기와 치즈의 짭짤한 맛을 살려준다.
에스닉한 맛을 즐기고 싶을 때에 권할만한 메뉴.

삶은 닭고기 바나나 치즈 스팀케이크

1 닭가슴살은 내열 접시에 얹어 술, 소금을 뿌리고, 랩을 씌워
   전자레인지(500W)로 2분 정도 가열한 후, 식혀 손으로 찢는다.

2 바나나에는 레몬즙을 뿌린다.

3 큰 믹싱볼에 반죽 재료 **A**인 달걀과 우유를 부어 거품기로 섞은 다음,
   분량의 핫케이크 믹스, 소금, 마요네즈를 넣어 반죽한다.

4 삶아 찢은 닭고기, 레몬즙 뿌린 바나나, 크림치즈를 장식용으로
   조금 덜어두고 나머지는 반죽에 섞는다.

5 반죽을 틀에 1/2 정도씩 담고, 그 위에 장식용 재료를 얹는다.

6 틀에 담은 반죽을 전자레인지(500W)에 넣어 4~5분 동안 가열한다.

재료 지름 6cm×높이 5.5cm
짜리 틀 4개 분량

기본 재료

- 닭가슴살 … 60g
- 술 … 1큰술
- 소금 … 조금
- 바나나 … 1개(8mm 두께 반달썰기)
- 레몬즙 … 1작은술
- 크림치즈 … 50g(1cm 크기 깍둑썰기)

반죽

- **A** [달걀 푼 것 1개 + 우유 적당량
  합해서 1/2컵]
- 핫케이크 믹스 … 100g
- 소금 … 1/4작은술
- 마요네즈 … 2큰술

 +  +  식탁을 환하게 만들기 때문에 손님 접대에도 좋은 스팀케이크.
씹으면 톡 터지는 방울토마토가 신선한 맛을 더해 준다.

삶은 달걀 방울토마토 스팀케이크

 만들기

1 강낭콩은 소금(반죽용과 별도)을 조금 넣은 뜨거운 물에 가볍게
데쳐서 체에 밭쳐 식힌다.

2 큰 믹싱볼에 반죽 재료 **A**인 달걀과 우유를 부어 거품기로 섞은 다음,
분량의 핫케이크 믹스, 소금을 뭉치지 않도록 잘 섞으면서,
올리브유, 참기름을 넣고 데친 강낭콩을 더 넣어 반죽한다.

3 반죽을 틀에 1/2 정도까지 담고, 표면을 평평하게 한 다음, 그 위에
장식용 삶은 달걀, 방울토마토를 얹는다.

4 틀에 담은 반죽을 전자레인지(500W)에 넣어 6~7분 동안 가열한다.

재료 12cm×12cm×5cm
짜리 틀 1개 분량

기본 재료
- 삶은 달걀 … 2개
  (껍질을 벗겨 6등분하여 썬다)
- 방울토마토 … 6개
- 깍지 강낭콩 … 50g
  (꼭지를 잘라 잘게 썬다)

반죽
- **A** [달걀 푼 것 1개 + 우유 적당량
  합해서 1/2컵]
- 핫케이크 믹스 … 100g
- 소금 … 1/4작은술
- 올리브유 · 참기름 … 1/2큰술씩

84

옥수수와 당근의 맛과 미역의 바다 내음이 잘 어울린다.
채소를 많이 먹고 싶을 때 권할만한 메뉴.

옥수수 당근 미역 스팀케이크

만들기

1 큰 믹싱볼에 반죽 재료 A인 달걀과 우유를 부어 거품기로 섞은 다음,
거기에 핫케이크 믹스, 소금을 분량대로 넣어 뭉치지 않도록
잘 섞으면서, 올리브유, 참기름을 넣어 반죽한다.

2 옥수수, 당근, 미역은 장식용으로 조금 덜어놓고, 남은 것은
반죽에 섞는다.

3 반죽을 틀의 1/2 정도까지 담고, 표면을 평평하게 만든 다음,
장식용 재료를 얹는다.

4 반죽 넣은 틀을 전자레인지(500W)에 넣어 5~6분 동안 가열한다.

재료 지름 6.5㎝×높이 5㎝
짜리 틀 4개 분량

기본 재료
● 옥수수 통조림 … 50g
(알이 통째로 들어 있는 것. 체에
받쳐 물기를 뺀다)
● 당근 … 30g(껍질을 벗겨 채 썬다)
● 자른 미역 … 1큰술
(물에 불려 물기를 짠다)

반죽
● **A** [달걀 푼 것 1개 + 우유 적당량
합해서 1/2컵]
● 핫케이크 믹스 … 100g
● 소금 … 1/4작은술
● 올리브유 · 참기름 … 1/2큰술씩

마롱글라세의 풍미가 고급스럽다.
생크림을 얹어 제과점 케이크 같은 느낌으로 즐겨보자.

마롱글라세 스팀케이크

재료

지름 8cm×높이 6cm
짜리 틀 4개 분량

기본 재료
● 마롱글라세 … 6개
　(설탕에 절인 밤)

반죽
● **A** [달걀 푼 것 1개 + 우유 적당량
　합해서 1/2컵]
● 핫케이크 믹스 … 100g
● 녹인 버터 … 1큰술

토핑
● 생크림 … 1/3컵
● 설탕 … 1/2큰술

＊ 마롱글라세는 프랑스식 과자의
　하나이다. 껍질을 깐 밤을 삶은 뒤
　설탕, 브랜디, 향료 등을 첨가하여
　만든다.

만들기

1 마롱글라세 2개는 반으로 자른다(토핑용). 나머지는 6~8mm 크기로 깍둑썰기하고, 장식용으로 조금 덜어둔다.

2 큰 믹싱볼에 반죽 재료 **A**인 달걀과 우유를 부어 거품기로 섞은 다음, 분량의 핫케이크 믹스를 뭉치지 않도록 잘 섞으면서, 녹인 버터를 넣어 섞는다. 깍둑썰기한 마롱글라세를 넣어 반죽한다.

3 반죽을 틀의 1/2 정도까지 담고, 표면을 평평하게 만든 다음, 그 위에 6~8mm 크기로 깍둑썰기한 장식용 마롱글라세를 얹는다.

4 반죽 넣은 틀을 전자레인지(500W)에 넣어 4~5분 동안 가열한 다음, 식힌다.

5 믹싱볼에 생크림, 설탕을 넣어 거품기로 끈적해질 때까지 거품을 낸 다음, 전자레인지로 익힌 빵 위에 얹고 토핑용 마롱글라세를 얹는다.

생크림이 녹아버리지 않도록
반죽이 충분히 식은 다음에 얹는다.

soft & creamy

+  살구잼의 새콤한 맛을 크림치즈가 부드럽게 감싸 절로 미소가 지어지는 맛이다.

살구잼 크림치즈 스팀케이크

 **재료**
지름 6cm×높이 5cm
짜리 틀 4개 분량

기본 재료

- 살구잼 … 4큰술
- 크림치즈 … 50g
- 레몬즙 … 1작은술

반죽

- **A** [달걀 푼 것 1개 + 우유 적당량
  합해서 1/2컵]
- 핫케이크 믹스 … 100g
- 녹인 버터 … 1큰술

토핑

- 민트 … 적당량

 **만들기**

1 크림치즈는 1cm 크기로 깍둑썰기 한다.

2 큰 믹싱볼에 반죽 재료 **A**인 달걀과 우유를 부어 거품기로 섞은 다음, 분량의 핫케이크 믹스를 뭉치지 않도록 잘 섞으면서, 녹인 버터를 넣어 반죽한다.

3 반죽을 1큰술씩 틀에 담고, 크림치즈를 2조각씩, 살구잼을 1큰술씩 넣고 그 위에 남은 반죽을 균등하게 나누어 담는다.

4 반죽 담은 틀을 전자레인지(500W)에 넣어 4~5분 동안 가열한다.

5 익힌 빵에 장식용 살구잼, 크림치즈를 얹고 민트를 곁들인다.

초콜릿과 바나나로 만드는 누구나 좋아하는 간식용 스팀케이크.
벌써부터 또 만들어 달라고 조르는 소리가 들리는 듯하다.

초콜릿 바나나 스팀케이크

 **만들기**

1 바나나는 껍질을 벗겨 6mm 두께로 둥글게 썰어 장식용으로 8개
만들어 놓고, 나머지는 1cm 크기로 깍둑 썰어 레몬즙을 뿌려 놓는다.

2 초콜릿은 장식용으로 크게 4조각으로 자르고, 나머지는 1cm 크기로
사방썰기 한다.

3 큰 믹싱볼에 반죽 재료 **A**인 달걀과 우유를 부어 거품기로 섞은 다음,
분량의 핫케이크 믹스를 뭉치지 않도록 잘 섞으면서, 녹인 버터를
넣어 반죽한다.

4 반죽에 바나나, 초콜릿을 섞어 틀의 1/2 정도까지 담고, 표면을
평평하게 만든 다음, 그 위에 장식용 바나나, 초콜릿을 얹는다.

5 반죽 넣은 틀을 전자레인지(500W)에 넣어 4~5분 동안 가열한다.

 재료　지름 6cm×높이 3.5cm
짜리 틀 4개 분량

기본 재료
● 판 초콜릿 … 60g
● 바나나 … 1개
● 레몬즙 … 1작은술

반죽
● **A** [달걀 푼 것 1개 + 우유 적당량
합해서 1/2컵]
● 핫케이크 믹스 … 100g
● 녹인 버터 … 1큰술

스팀 케이크 Index

지은이 **오오바 에이코**(요리 연구가)

요리의 기본에 충실한 레시피로 독자들의 사랑을 받고 있으며, 일식, 양식,
중식, 에스닉 등, 장르를 뛰어넘는 수많은 레시피로 많은 팬을 보유하고 있다.
수많은 잡지와 단행본 출판을 통해 새로운 메뉴를 개발하고 있고
가정에서 간편하게 만들 수 있는 조리법 연구를 꾸준히 하고 있다.
저서로는 「가장 맛있는! 찜 요리」(슈후노토모 사), 「힘들지 않는 따끈따끈
반찬」(오렌지페이지), 「핫케이크 믹스로 만드는 가토 살레와 식사대용 빵」,
「홈 베이커리로 만드는 밥 빵」(모두 PHP 연구소 발행) 등 다수.

옮긴이 **김종형**

1969년 서울 출생. 중앙대학교를 졸업하고 와세다 대학 대학원을 거쳐 일본의
교육 출판 기업에 입사. 동 사에서 15년 간 통 · 번역 담당 리더로 근무한 후,
현재 한 · 일 · 영 프리랜서 번역가로 활약 중이다.